绿色环保·从我做起

低碳生活

（全彩版）

金冶 吕佳芮 主编

全国百佳图书出版单位

化学工业出版社

·北京·

低碳生活可以理解为减少二氧化碳的排放，低能量、低消耗、低开支的生活方式，是一种时尚的环保主张。低碳生活是健康绿色的生活习惯，要求人们树立全新的生活观和消费观，减少碳排放，促进人与自然和谐发展。

《低碳生活》（全彩版）既包含生动形象的漫画，又包含丰富有趣的环保科普理念和知识，紧紧围绕低碳生活理念展开，向读者介绍了生活中方方面面的低碳常识，主要包括低碳小常识、家庭低碳生活、家居低碳节能、低碳休闲娱乐、低碳办公五部分精彩内容，帮助读者全方位、多角度地理解低碳生活的内涵，并从身边小事做起，深度参与低碳行动，促进人与自然的可持续发展。本书旨在普及环保知识，倡导绿色环保理念，图文并茂地教会我们如何过上绿色自然的低碳生活，找到属于自己的绿色时尚新生活，适合所有对环保和低碳生活理念感兴趣的大众读者，尤其是青少年和儿童亲子阅读。

图书在版编目（CIP）数据

低碳生活：全彩版 / 金冶，吕佳芮主编. —北京：化学工业出版社，2020.2（2023.5 重印）
（绿色环保从我做起）
ISBN 978-7-122-36027-4

Ⅰ．①低… Ⅱ．①金…②吕… Ⅲ．①节能－青少年读物 Ⅳ．① TK01-49

中国版本图书馆 CIP 数据核字（2020）第 004300 号

责任编辑：卢萌萌　刘兴春　　　　　　　　装帧设计：史利平
责任校对：宋　夏

出版发行：化学工业出版社（北京市东城区青年湖南街 13 号　邮政编码 100011）
印　　装：天津图文方嘉印刷有限公司
710mm×1000mm　1/16　印张 8　字数 110 千字　2023 年 5 月北京第 1 版第 7 次印刷

购书咨询：010-64518888　　　　　　　　　　售后服务：010-64518899
网　　址：http://www.cip.com.cn
凡购买本书，如有缺损质量问题，本社销售中心负责调换。

定　　价：39.80 元

编写人员

主　编： 金　冶　　吕佳芮

参编人员：

王旅东　　白雅君　　江　洪

刘　洋　　李玉鹏　　吴耀辉

赵冬梅　　高英杰　　唐在林

前言

　　地球是人类唯——一个可生息的"村庄"，可是这个村庄正在被人类制造出来的各种环境灾难所威胁：水污染、空气污染、植被萎缩、物种濒危、江河断流、垃圾围城、土地荒漠化、臭氧层空洞……千万不要以为只有那些大科学家和超人们才能"拯救地球"，我们每一个人所做的每一件小事都有可能关系到地球的存亡！作为居住在地球上的"村民"，我们不能仅仅担忧和抱怨，而是必须马上行动起来。

　　"低碳"其实离我们的生活并不遥远，它是一种将低碳意识、环保意识融入日常生活的态度。简单地说，就是在日常生活中，从自己做起，从小事做起，最大限度地减少一切可能的能源消耗。

　　《低碳生活》（全彩版）通过生动有趣的漫画和深入浅出的文字，向读者介绍了生活中方方面面的低碳常识，主要涉及家庭生活、家居节能、休闲娱乐、低碳办公等方面的低碳环保内容。书中的每一个小

细节都是在科学严谨的基础上，立足生活，力求实用，具有可操作性，可以引领广大读者走进低碳生活，快速成为低碳生活的时尚达人。本书旨在普及环境知识，倡导环保理念，内容浅显易懂，生动有趣，适合所有对低碳环保感兴趣的读者尤其是青少年和儿童亲子阅读。

　　由于编者水平有限，加之编写时间仓促，本书不足和疏漏之处在所难免，恳请各位读者批评指正。

编者

2020 年 1 月

目录

第三章　家居低碳节能

第四章　低碳休闲娱乐

第五章　低碳办公

第一章
低碳小常识

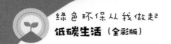

1. 什么是低碳生活

低碳生活，就是指生活作息时所耗用的能量要尽可能地减少，从而降低碳，特别是二氧化碳的排放量，减少对大气的污染，减缓生态环境恶化。

具体地说，低碳生活就是在不降低生活质量的前提下，通过改变一些生活方式，充分利用高科技以及清洁能源，从而减少煤、石油、天然气等化石燃料和木材等含碳燃料的耗用，降低二氧化

低碳生活，环境更美好！

碳排放量，减少能耗，减少环境污染，达到遏制气候变暖和环境恶化的目的。

低碳生活以低能耗、低污染、低排放为特征。

这代表着更健康、更自然、更安全的消费理念，达到人与自然和谐共处的境界。

 低碳生活从哪些方面入手

低碳房屋

选择"低碳住房""低碳装修""低碳着装""低碳饮食""低碳消费"的生活方式。

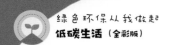
在日常生活中，注意节约，充分利用旧物，减少垃圾，做到垃圾分类及科学处理，多养花草来吸收二氧化碳。

生活中处处注意节能减排，节电、节水、节煤、节气是实现节能减排的主要措施。目前，我国用电多是用燃煤发的火电，自来水的调运、生产、输送等又需要耗电。因此，节电、节水等都可间接地节省燃煤，减少二氧化碳等气体的排放，利于环境的保护。

有害垃圾　其他垃圾　可回收物

不用电脑就关掉，省电！

真是低碳节能的好同志！

选择低碳出行方式，尽可能减少燃油的消耗。离家较近的上班族可骑自行车上下班；短途旅行选择火车而不搭乘飞机；有私家车的在驾车时掌握节油技巧。

充分利用现代科技成果，在生活中，用太阳能、沼气等清洁能源代替煤、石油、天然气等传统能源。

3. 环保公约

随着环境问题的日益恶化，世界各国纷纷开始重视环境保护问题，并签署了一些国际性的公约来保护环境。

◆《斯德哥尔摩公约》

现代社会中，持久性有机污染物可以说无处不在。除了对环境造成长期影响外，它们还通过空气、水、食物被人类摄入体内并积存下来，导致内分泌系统紊乱、生殖和免疫系统被破坏，并诱发癌症和神经性疾病。联合国倡导并制定的《斯德哥尔摩公约》就旨在限制并彻底消除持久性有机污染物。2001年5月23日包括中国政府在内的92个国家和区域经济一体化组织签署了《斯德哥尔摩公约》，其全称是《关于持久性有机污染物的斯德哥尔摩公约》，又称POPs公约。

◆《京都议定书》

《京都议定书》又译为《京都协议书》《京都条约》，全称《联合国气候变化框架公约的京都议定书》，是人类历史上第一部限制各国温室气体（主要为二氧化碳）排放的国际法案。由联合国气候大会于1997年12月在日本京都通过，故称作《京都议定书》。为《联合国气候变化框架公约》（UNFCCC）的补充条款，是1997年12月在日本京都由联合国气候变化框架公约参加国通过三次会议制定的。其目标是"将大气中的温室气体含量稳定在一个适当的水平，进而防止剧烈的气候改变对人类造成伤害"。

◆《哥本哈根协议》

根据联合国气候变化框架公约缔约方 2007 年在印度尼西亚巴厘岛举行的第 13 次缔约方会议通过的《巴厘路线图》的规定，哥本哈根会议达成了不具法律约束力的《哥本哈根协议》。该协议维护了《联合国气候变化框架公约》以及《京都协定书》确立的"共同但有区别的责任"原则，就发达国家实行强制减排和发展中国家采取自主减缓行动做出了安排，并就全球长期目标、资金和技术支持、透明度等焦点问题达成广泛共识。

 4. 日常生活方式与碳排放量

低碳生活对于普通人来说是一种生活态度，是一种新的生活方式。日常生活中的低碳行动对于减少碳排放量的影响可从以下数据看出。

少搭乘 1 次电梯，可减少 0.218 千克的碳排放。

少开空调 1 小时，可减少 0.621 千克的碳排放。

少吹风扇 1 小时，可减少 0.045 千克的碳排放。

少看电视 1 小时，可减少 0.096 千克的碳排放。

少用 1 小时白炽灯，可减少 0.041 千克的碳排放。

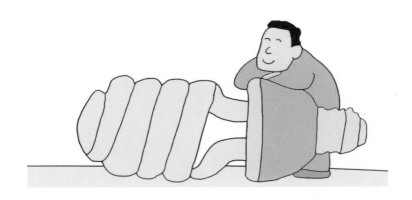

少开车 1 千米，可减少 0.22 千克的碳排放。

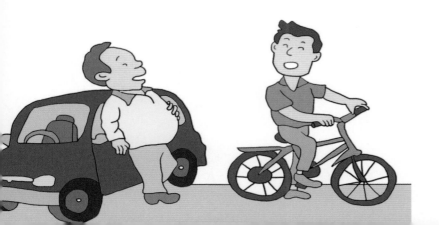

少吃 1 次快餐，可减少 0.48 千克的碳排放。

少丢 1 千克垃圾，可减少 2.06 千克的碳排放。

省 1 度电，可减少 0.638 千克的碳排放。

省 1 吨水，可减少 0.194 千克的碳排放。

把在电动跑步机上 45 分钟的锻炼改为到附近公园慢跑，可减少近 1 千克的二氧化碳排放量。

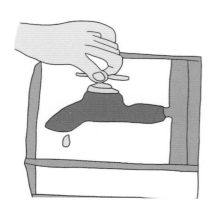

不用洗衣机甩干衣服，而是让其自然晾干，可减少 2.3 千克的二氧化碳排放量。

将 60 瓦的灯泡换成节能灯，可减少 4 倍二氧化碳排放量。

改用节水型淋浴喷头，一次洗浴不仅可节约 10 升水，还可以将 3 分钟热水淋浴所产生的二氧化碳排放量减少一半。

如果每人每天做到每一项，每天可减少约 21 千克的碳排放量。

如果全国每个人每一天都能做到每一项，那么每天可减少约 300 万吨的碳排放量。

如果全世界每人每天都能做到每一项，那么每天可减少约 11 亿吨的碳排放量。

世界低碳环保

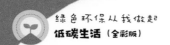

5. 建立"零碳家庭"

　　家庭是社会的细胞，"零碳家庭"是由"零碳城市"派生出来的。其实，"零碳家庭"是一种象征意义的提法，并不是让家庭不排放二氧化碳，现实生活中，我们每个人每天都直接或间接地排放二氧化碳。所谓"零碳家庭"，就是提倡每一个家庭尽可能地减少碳消费，减少二氧化碳的排放。

　　每一个家庭都应从身边小事做起，精心安排用水、用电、用气等，节约每一滴水、每一度电、每立方气，积极加入"零碳家庭"的行动中来。

　　减少开私家车出门的次数，改乘公共交通工具或骑自行车上下班，减少乘电梯的次数，选用低能耗的家用电器。

低碳生活不是一个空泛的概念，它融入我们日常生活的点点滴滴，从身边小事做起，是创建"零碳家庭"的基础，只有这样坚持做下去，我们赖以生存的家园才会更好地服务于我们的生活。

6. 与人为活动有关的温室气体排放

农业生产，如水稻田排放甲烷。

畜牧业，如反刍动物（牛、羊）消化过程排放甲烷。

化石能源燃烧（主要排放二氧化碳），如煤（含碳量较高）、石油、天然气（含碳量较低）的燃烧。

工业生产工艺过程（排放二氧化碳和其他温室气体），如水泥、石灰、钢铁、化工产品等的生产。

废弃物处理（排放甲烷）。

甲烷

化石能源开采过程的排放和泄漏（排放二氧化碳和甲烷），如煤炭瓦斯、天然气泄漏。

土地利用变化（减少对二氧化碳的吸收），如森林砍伐，房屋、工程用地导致植被减少，农牧过度利用及土壤沙化等。

7. 联合国环境规划署提出的 低碳生活建议

在午餐休息时间和下班后关闭电脑及显示器，这样做除省电外，还可以将这些电器的二氧化碳排放量减少 1/3。

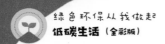

绿色环保从我做起
低碳生活（全彩版）

使用一般牙刷替代电动牙刷，这样可以每天减少二氧化碳排放量。

使用传统的发条式闹钟替代电子钟，这样也可以每天减少二氧化碳排放量。

如果去8千米以外的地方，乘坐轨道交通车可比乘小汽车减少一定量的二氧化碳排放量。

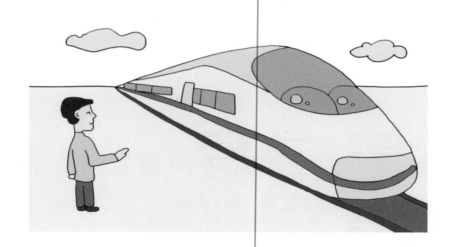

从现在做起，从每个人做起，合理利用资源，节约资源，消除浪费，减少碳排放。

让我们开始一种真正健康、绿色的"低碳生活"吧！

低碳生活，从我做起！

014

第二章
家庭低碳生活

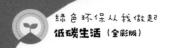
 **1. 衣服的碳排放**

　　衣服生产过程中的碳排放包括从原料到成衣的整个生产周期，计算了从纱线、布料到成衣的生产过程以及每个工厂的能源消耗量。生产一件衣服平均排放约6.4 千克二氧化碳。

　　洗衣机清洗衣服不仅耗水，而且费电。洗衣机每标准洗衣周期要比手洗多耗水一半多，由此增加排放 0.04 千克二氧化碳。而以全自动涡轮洗衣机洗一次衣服需要 45 分钟估算，每洗一次衣服大约排放 0.2 ～ 0.3 千克二氧化碳。

　　以工作功率约 1200 瓦的干衣机干洗 5 千克衣服一般耗时 40 分钟估算，干洗一次衣服大约会排放 0.8 千克二氧化碳，远远高于洗衣机的碳排放量。

有些材质的衣服不仅要用烘干机烘干，而且还需要熨烫。烘干一件衣服要比自然晾干多排放 2.3 千克二氧化碳。以使用功率为 800 瓦的电熨斗熨一次衣服需要 30 分钟估算，每熨一次衣服大约会排 0.4 千克二氧化碳。

服装在生产、加工和运输过程中，要消耗大量的能源，同时产生废气、废水等污染物。在保证生活需要的前提下，每人每年少买一件不必要的衣服可节能约 2.5 千克标准煤，相应减排二氧化碳 6.4 千克。如果全国每年有 2500 万人做到这一点，就可以节能约 6.25 万吨标准煤，减排二氧化碳 16 万吨。

2. 少买衣服、手洗衣服

时尚的衣服使用周期都非常短，而衣服及其原料的生产过程会产生碳排放。

因此，应减少购买一些不必要的"一次性"衣服。平均每生产一件衣服会排放 6.4 千克二氧化碳呢！

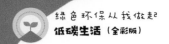
使用洗衣机洗涤衣服，比手洗增加了电能的消耗，导致排放更多的二氧化碳。

因此，如果需要洗涤的衣服不多，应尽量选择手洗方式。并且，在洗衣前浸泡衣服可以缩短洗衣时间，从而减少二氧化碳排放。

如果每月用手洗代替一次机洗，每台洗衣机每年可节能约 1.4 千克标准煤，相应减排二氧化碳 3.6 千克。如果全国 1.9 亿台洗衣机都因此每月少用一次，那么每年可节能约 26 万吨标准煤，减排二氧化碳 68.4 万吨。

3. 适量使用洗衣粉

洗衣粉是生活必需品，每年消耗的洗衣粉约占洗涤用品的一半以上。在我国，生产洗衣粉主要采用高塔喷粉的生产工艺，这种工艺能耗较高，因此，除了改进工艺以外，合理使用洗衣粉也可以节能减排。

洗衣粉是生活必需品，但在使用中经常出现浪费；合理使用，就可以节能减排。例如，少用1千克洗衣粉，可节能约0.28千克标准煤，相应减排二氧化碳0.72千克。

如果全国3.9亿个家庭平均每户每年少用1千克洗衣粉，1年可节能约10.9万吨标准煤，减排二氧化碳28.1万吨。

尽量少买需要干洗的衣服，并减少衣物干洗的次数。干洗过程不仅耗电，而且使用的化学溶剂对身体和环境有害。

 **4. 降低洗衣频率、自然晾干**

把衣服攒在一起洗，降低洗衣机的使用频率，这样既可以省电、省水，还可节省洗涤时间和洗涤剂（洗衣粉）用量。

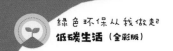
用晾衣绳自然晾干衣物，不用烘干，每次可以减少 2 千克以上的二氧化碳排放量。

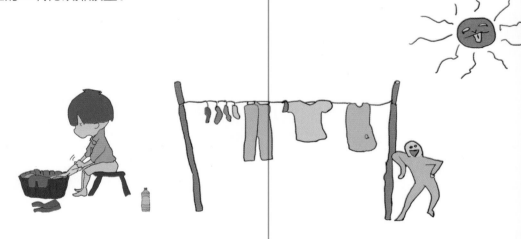

 5. 食物的碳排放

（1）食物在生产时的碳排放

目前城市居民食用的食物通常是在农场或养殖场中集中培育的，动植物的生长和发育需要适度的温度和光照，因此农场或养殖场必须使用燃料或电力来维持其运行。

肥料的生产与运输、植物耕作、动物自身排放、饲料被动物食用等都会释放不同数量的二氧化碳。例如，每千克肥料对应了 6.7 千克二氧化碳排放，这其中包括了肥料生产和肥料运输的碳排放。

食物种类不同，生产它们产生的碳排放量也不同。饲养的动物经常食用植物，由于植物养料转化为动物身体组织过程中有能量的损失，因此生产动物食品往往比生产植物食品消耗更多的能量、排放更多的二氧化碳。

（2）食物在运输时的碳排放

居民食用的食物中，很大部分并不来自本地，而是通过不同的方式从外地运输来的。运输方式因使用火车、汽车、飞机等的不同而产生不同的二氧化碳排放量，相同里程的飞机运输所排放的二氧化碳是汽车运输的3倍左右。因此，远距离空运食品将会排放更多的二氧化碳。

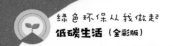

（3）食物在包装与储存时的碳排放

在超市中购买的食品绝大多数都有外包装，包装材料包括塑料、纸、铝制品等。在这些包装材料中，铝制材料是生产过程中排放二氧化碳最多的，每生产 1 千克铝材料需要排放 24.7 千克二氧化碳。

每生产 1 个塑料袋会排放 0.1 克二氧化碳。虽然生产 1 个塑料袋的碳排放量很小，但塑料袋使用量极大，积少成多，总的碳排放量也不可小看。而且塑料不易分解，大量使用会造成严重的环境污染。

食品生产商为了吸引顾客，往往追求过度包装。每使用 1 千克的包装纸，将排放 3.5 千克二氧化碳。据统计，仅北京市每年产生的近 300 万吨垃圾中，各种商品的包装物就有约 83 万吨，其中 60 万吨为可减少的过度包装物。

在食物的储存方面，冷冻食品通常保存在冷冻室里，需要耗费大量的电能。因此，过多购买和食用冷冻食品，间接消耗了大量的能源，排放了更多的二氧化碳。

二氧化碳

（4）食物在烹饪时的碳排放

烹饪食物使用的能源种类不同，其排放的二氧化碳量也有所不同。使用 1 度电（火力发电）烹饪食物要排放约 1 千克二氧化碳，但如果改用天然气，获得相同的热量却能减少约 0.8 千克的二氧化碳排放。

不良的烹饪方式，也会导致更多的二氧化碳排放。例如，烧烤是一种碳排放量较大的烹饪方式，烧烤一次排放 4 千克左右的二氧化碳。

下面，我们来看一下烹饪手段不同的碳排放比较。

蒸：利用水蒸气加热，热效率非常高，成菜时间较短，对资源的占用也较小。同时，蒸菜时，原料内外的汁液挥发最小，营养成分不受破坏，香气不流失。蒸不但减少营养流失，而且减少烹调油脂，避免油烟产生，减少了污染物和废气的排放。各种食材都可以蒸，使用非常广泛。

煮：同蒸一样，煮不需要油脂，能减少油烟，也是碳排放很少的烹饪方法。不过煮的时候，水溶性的营养素和矿物质会流失一些，而且煮的效率也低于蒸。

炖：一般清炖不需加额外的油脂，而侉炖（一种特殊炖法）等方法要先把原料炒一下再炖，因此用油量会比煲汤多。建议低碳炖肉法多选用清炖，或用新鲜蔬菜比如番茄、芹菜等来调味，搭配莲藕、土豆等使营养更均衡。

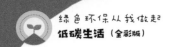

炒： 烹饪时间较短的炒法，可以保持原料中的大部分营养。然而，热油爆炒或长时间煸炒会产生一定的油烟，用油量多，营养素损失大，同时碳排放较多，不建议经常使用。

炸： 在油炸过程中，蛋白质、脂肪、碳水化合物等营养素在高温下发生反应，不但营养会受损，还会生成许多致癌物质。另外，油炸过程中产生的油烟量非常大，并且厨房中有害物质扩散较慢，对健康会造成极大的危害。

烤： 烤是从外部加热，缓慢渗透到内部，虽然口感外焦里嫩，但能量损失特别大。因此，烤箱也常常是家里的"耗能大户"。炭火烤制更可能排出含有致癌物的气体，不利于大气环保。

凉拌： 对一般蔬菜来说，凉拌是最低碳也最健康的吃法。但如果是草酸含量稍微高一些的蔬菜，比如苋菜、菠菜、茭白等就要焯一下再拌。而豆腐、番茄之类的凉拌菜是夏日里饭桌上的常客。

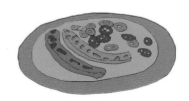

煲汤： 煲汤是动物原料的低碳吃法，比如用排骨煲汤就比香酥小排或者糖醋排骨更低碳。不过许多人喜欢"老火靓汤"，其实这样不但会增加碳排放，而且还会影响健康。建议煲汤时间不要超过一个半小时。

白灼： 白灼会加入少量油盐，烹饪时间较短，同时不会产生油烟，多用于质地脆嫩的菜肴。白灼的原料适用范围很广，荤素皆可。同时，白灼也能很好地保存营养素。

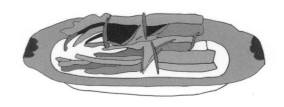

食物在消费时的碳排放：每浪费 0.5 千克粮食（以水稻为例），将增加二氧化碳排放量约 0.47 千克。而浪费畜产品要比浪费粮食造成更多的二氧化碳排放，例如，每浪费 0.5 千克的猪肉，将增加二氧化碳排放量 0.7 千克。这些被浪费的食物在掩埋后，有可能继续排放大量的二氧化碳和甲烷等温室气体。

浪费水的行为，同样会带来不必要的二氧化碳排放。每浪费 1 千克自来水，将增加约 50 克二氧化碳排放。如果被浪费的是开水，又将额外增加二氧化碳排放。而这些被浪费的水往往最后混入了生活污水，又增加了污水处理环节的二氧化碳排放量。

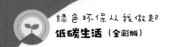

6. 低碳食品

低碳食品是指利用更少的简单碳水化合物来开发食品。低碳食品不仅有利于人的身体健康，也能起到很好的减肥作用。

食用低碳食品的主要目的就在于降低碳水化合物的摄入以减轻体重，控制2型糖尿病或相关失调症状，并提高血液中运载胆固醇的脂蛋白的比例。

低碳食品倡导减少和限制对碳水化合物和淀粉的摄入，也就是少吃糖、米饭和面食等，低碳食品最重要的一项就是低糖。

7. 多吃水果和蔬菜

在肉类食物中，以生产牛肉、羊肉所排放的二氧化碳最多，其次是猪肉和鱼肉，而水果和蔬菜都在二氧化碳排放量最少的食物之列，并且其生长周期相比肉类来说短很多。一个人如果一周内少吃一些猪肉，转而食用蔬菜，将减少二氧化碳排放，一年减少二氧化碳排放量会更多。此外，水果可以直接食用，而蔬菜相对于肉类来说，烹饪方式简单、烹饪时间较短，也因此减少了一部分二氧化碳排放。

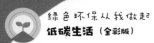

人体摄入 1 千克牛肉后，所排放的二氧化碳较多；而吃同等量的果蔬后，所排放的二氧化碳量将会大大减少。

多吃肉食，不仅会导致肥胖，而且不利于心脑血管健康，还会使地球变暖，导致动物、人类、地球都受到伤害。所以，如今"素食主义"正悄然兴起，因为多吃素食不仅可以减少畜牧业及食品碳排放量，有助于健康，还能推动绿化的发展。当然，这也不是要求你绝对不准吃肉，营养学家认为：一周吃上 2～3 次肉即可满足人体的营养需求，根本没必要餐餐吃肉。那么，请大家就从每周一天吃素开始我们的低碳饮食吧！

世界无肉日（3月20日）：

"无肉日"始于1985年，由总部设在华盛顿的公益性组织"农场动物改革运动"发起，推广健康和平素食的民间教育活动，目的是拯救动物、保护环境和改善健康。

 **8. 减少粮食浪费**

据有关数据显示，每节约0.5千克粮食，就可以减排几乎相同质量的二氧化碳。减碳让我们从珍惜每一粒粮食做起。

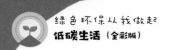
现在浪费粮食的现象仍比较严重。

到饭店用餐，剩菜、剩饭可以打包，经过巧妙的科学处理再食用。酒水可以带走或存放在饭店，以备下次再用。

9. 拒绝一次性筷子

　　我国是人口大国，广泛使用一次性筷子会大量消耗林业资源。如果全国减少 30% 的一次性筷子使用量，那么每年可相当于减少二氧化碳排放量约 30.9 万吨，想想看这得砍伐多少竹木！得破坏多少植被！得增加多少碳排放！而事实上，大量的一次性筷子都不卫生、质量不合格！所以，不管是为了低碳还是为了健康，建议大家都不用一次性筷子！

　　许多一次性筷子大肠杆菌群数超标，而为了让筷子看起来洁白干净，成形的筷子要经硫黄熏蒸，熏不白的还要使用双氧水和硫酸钠浸泡、漂白，然后用滑石粉抛光。

　　一次性筷子的使用正在严重地消耗着我们的森林和水资源，因此，在日常生活中，我们要尽量杜绝使用一次性筷子。

我们用自己带的筷子！

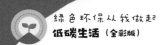

节约厨房用水

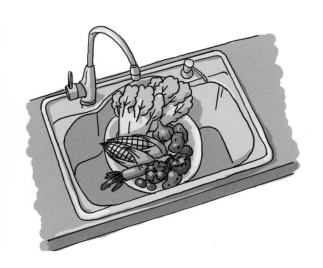

第1招： 用盆接水洗菜代替直接冲洗，每户每年约可节水1.64吨，同时也减少了等量污水排放，相应减少了二氧化碳排放。

第2招： 洗碗时，把大的餐具放在最下面，按从大到小的顺序放置，呈塔形堆叠。清洗时，洗过上面餐具的水自然地流到了下面，可以节约很多水。

第3招： 淘米水具有一定的肥力且去污力温和，可用来洗菜、浇花或洗碗，不仅可以节约水，而且也不污染水质。

第4招： 淘米水泡干菜如海带、笋干、干墨鱼等，不但容易泡涨、洗净，而且可以使食品很快煮熟、煮透。

泡

选购低碳住宅

房子的采光好，既可减少照明用电，也可降低因照明设备散热所需的空调用电。怎样选购采光好的房子呢？具体来讲有下面这些招式。

冬季，住在朝南偏西的房间里可享受到午后暖暖的阳光。

第1招： 从房子的朝向来看，朝南、朝西的房子采光好。朝南的房子采光时间最长；朝南偏西的房子比朝南偏东的采光好。

我家的采光真的好

我们一定要利用自然光源！

第2招： 选购明厅、明卫、明厨的房子。墙面有较大玻璃和窗户的居室能很好地利用自然光源。

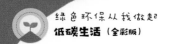

第3招：大开间、小进深的房子可更好地利用自然光源。许多开发商为了节约土地资源，增加利润，建造一些面窄而大进深的房子，这样的房子会影响房间的采光。

第4招：选客厅采光好的房子。白天，人们的活动多在客厅，如果客厅的采光条件好，就可以利用自然光，减少开灯时间，节约电能。

第 5 招：选购利用太阳能的房屋，在使用热水和日常用电方面可节约许多能源。一般使用真空集热管的太阳能热水器。安装有太阳能热水系统的房屋所产生的电可用于洗浴照明等。使用这种装置发的电，不仅方便于晴天时使用，即使阴雨两三天也不用担心用电，因为屋顶的太阳能设备会将太阳光能源储存起来。

第 6 招：采用高性能门窗，其中玻璃的性能至关重要。

高性能玻璃产品比普通中空玻璃的保温隔热性能高一倍到几倍，高性能门窗需强调窗框的保温性和密闭性。密闭性较为重要，既能够保证门窗的密闭性，又能够有效节约能耗并提高舒适度。

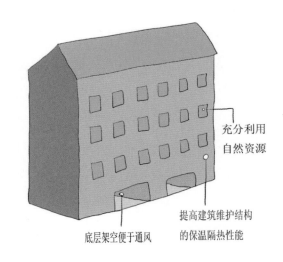

充分利用自然资源

提高建筑维护结构的保温隔热性能

底层架空便于通风

窗户有推拉窗、平开窗等不同形式。相比之下，平开窗的密封性能比较好，保温隔热性能优于推拉窗。推拉窗虽然造价便宜，但密闭性和使用舒适性较差，并不适宜应用于低密度住宅产品中。

第 7 招：选购屋顶绿化的住宅。屋顶绿化从大的方面来说有以下好处。

（1）吸附大气浮尘，净化空气，美化环境，改善与提升生活环境质量。

（2）有助于散热，改善城市热效应。

（3）降低城市噪声。

（4）增加空气湿度，净化水源，调节雨水流量。

（5）提高国土资源利用率。

（6）绿化用的泥土、隔滤层可用一些建筑废料来制成，物尽其用。

从生活的角度讲，屋顶绿化有以下好处。

（1）冬暖夏凉。夏季可降低室内温度，减少耗电量；冬季可保持室内温度。

（2）为生活提供一个休憩园地。

（3）可保护建筑物顶部，延长屋顶建材使用寿命。

目前，已有了屋顶绿化的商品房，购房时可优先考虑。对于别墅业主或农村居民，可根据情况进行屋顶绿化。

第8招：选购利用中水的住宅。中水又称再生水、回用水，是相对于上水（自来水）、下水（排出的污水）而言的，是指城市生活污水经处理后，达到一定的水质标准，可在一定范围内重复使用的非饮用水。中水可用于洗车、绿化、农业灌溉、工业冷却、园林景观等。

这是绿色住宅啊！

一些现代绿色住宅安装有处理污水的设备，能把污水变成中水，或者在设计时使洗手池、洗菜池的水直接通向马桶，这样一些生活用水就可以再次利用，达到节约水资源的目的。

第9招：选购对垃圾实行无公害处理小区的住宅。购房时，可优先考虑对垃圾实行无公害处理的小区的房屋。

对垃圾实行无公害处理主要体现在以下两个方面。

（1）将生活垃圾分为可回收物、厨余垃圾、有害垃圾、其他垃圾，分别进行回收处理。

（2）小区可以就地处理垃圾，例如，有的小区安装、使用多层悬浮燃烧焚烧炉等设备，可最大限度地降低环境污染，一些废弃物可得到再生利用。

可回收物　　有害垃圾　　厨余垃圾　　其他垃圾

12. 节能装修方式

第1招： 节能门窗的安装。要特别注意选用符合所在地区标准的节能门窗，使气密、水密、隔声、保温、隔热等主要物理指标达到规定要求。安装密闭效果好的防盗门，在外门窗口加装密封条。在定制或加工防盗门时，可要求在门腔内填充玻璃棉或矿棉等防火保温材料，这样既节能又保温。

我家防盗门是最好的！

第2招： 尽量不设暖气罩。如果住户很想安设暖气罩，一要不影响通过散热器的空气对流，二要不妨碍散热器表面向室内的热辐射。具体来说，在暖气罩下部或侧面沿地面附近应留出 5 ～ 10 厘米的空隙，在暖气罩正面与上板下沿，也应留出相同宽

没有暖气罩，家里真暖和啊！

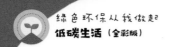

度的长条空隙，以便形成空气对流；在暖气罩与墙壁之间不应留有间隙，避免向上流动的空气携带的灰尘污染墙壁。

与此同时，暖气罩正面留出稍大一些的空隙，位置与散热器相同，面积略大于散热器，以免妨碍散热器表面向室内的热辐射，可以用铁丝网或细木条网在此处做部分遮挡。

第3招：地板保温。铺设木地板时，可以在板下铺设矿棉板、阻燃型泡沫材料等保温材料。

第4招： 合理设计墙面插座。尽量减少连线插板，不宜频繁插拔的插座可以选择有控制开关的。

第5招： 巧装天花板。在装修天花板吊顶时，特别是顶层可在吊顶纸面石膏板上放置保温材料，提高保温隔热性能。

第6招： 设计节能客厅。将会客区域安排在临窗的位置，不用特别设计区域照明。应选择简洁、明朗的装饰风格，多使用玻璃等透明材料，尽量采用浅色墙漆、墙砖、地板、沙发等，减少过多的装饰墙。宽窗、宽门能吸收到足够的自然光线和新鲜空气，使居室更敞亮、柔和。如客厅采光不好，可通过巧妙的灯光布置和加大节能灯的使用来改善。

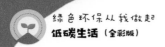

第 7 招：设计低碳卧室。卧室的布置原则上要减少过度装饰，节约原材料。卧室布置材料的选择要多用棉、麻、木等，这些不是人工合成的化学材质，可减少二氧化碳排放，同时有利于人体健康。

例如，可使用纯棉、麻质的床上用品和靠枕；床头柜上摆放的灯具和装饰要选择自然的木、纸制品，朴素的纸质饰品可增添卧室情趣；在卧室角落添加几件藤、木休闲椅和小桌。

第 8 招：装修布线节能。家居装修要布设电话线、音响线、视频线、网络线等，布线时要考虑居室使用的方便、安全和美观，更要考虑节能问题。

根据国家电路铺设节能标准，不同线路根据用电设备的耗电量采用相应电线，从而减少材料耗费和运输过程中的能耗。

这回电话线短了。

13. 厨房去污

第1招: 拖地时,在拖把上倒一点醋,即可去掉地面油污。若水泥地面上的油污很难去除,可弄点石灰,用水调成糊状倒在地面上,再用清水反复冲洗,水泥地面便可焕然一新。

第2招: 处理不锈钢厨具表面油渍,只需在其表面撒上少许面粉,再用废旧软塑料或抹布擦拭,即可光亮如新。

第3招: 可用碱性去污粉擦拭玻璃,然后再用氢氧化钙或稀氨水溶液涂在玻璃上,半小时后用布擦洗,玻璃就会变得光洁明亮。

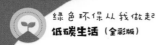
第4招： 液化气灶具沾上油污后，可用黏稠的米汤涂在灶具上，待米汤结痂干燥后，用铁片轻刮，油污就会随米汤结痂一起除去。如用较稀的米汤、面汤直接清洗，效果也不错。

第5招： 在刷子上挤适量的牙膏，然后直接刷洗瓷砖的接缝，再把蜡烛轻轻地涂抹在瓷砖接缝处。

第6招： 洗餐具最好先用纸把餐具上的油污擦去，再用热水洗一遍，最后再用温水或冷水冲洗干净。

清洗餐具

第1招： 用手洗碗肯定比用洗碗机要节能，尤其是要洗的盘子不多的时候。不要一直开着水龙头，可以堵住洗碗池或者使用洗碗盆。另外，为了减少冲洗时的用水量，可以在水龙头上装一个低流量的充气器。

第2招：有食物残余的锅，可以在洗前用水泡一泡。和不泡直接洗相比，这样做用水和耗能较少。

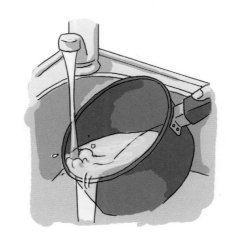

第3招：选择洗碗机，除了要省水节能，还应选择带污物感应器的那种，它可以在每次洗碗的时候通过感知餐具的污秽程度来调节水量和能耗。

污物感应洗碗机

第4招：洗碗机的使用智慧。①在全负载的情况下才开动洗碗机；②使用温度应尽量低；③不要事先冲洗餐具，除非上面有烧焦或结硬壳的食物；④在开启干燥模式前打开洗碗机，让里面的餐具自然风干；⑤定期清洗位于洗碗机底部的过滤装置；⑥不用的时候关掉洗碗机电源，否则它消耗的能量可以达到其真正工作时耗能的 70%。

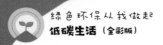

（1）55℃的洗碗模式比65℃的模式节省1/3的能耗。

（2）有资质认证的节能型洗碗机比大多数旧机型节省40%的能耗，每年可减少碳排放量达70千克。

（3）将洗碗机设置为经济模式，并且将洗碗次数减少一半，这样每年能减少二氧化碳排放量100多千克。

 减少生活垃圾

第1招： 树立绿色、低碳生活理念，养成物尽其用、减少废弃物的文明行为习惯。

第2招： 拒绝购买过度包装产品，选购无包装、简易包装、大容量包装产品。

绿色、低碳生活！

环保包装

第 3 招: 少用或不用一次性产品，减少废弃物。

第 4 招: 选购和使用再生材料制品。

第 5 招: 适量点餐，节约粮食，减少浪费，减少餐厨垃圾。

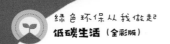

生活垃圾处理招式

日常生活有很多废品都可以再利用，合理利用生活中的废品对于营造"低碳"的生活环境意义重大。一些毫不起眼的废弃物经过精心的设计都可以变废为宝。

第1招：将喝过的茶叶晒干做枕头芯，不仅舒适，还能帮助改善睡眠。

茶叶做的枕头很舒服！

第2招：鞋盒子可以做很多东西，如墙上的装饰画，或者包装好放在家具里当置物盒。

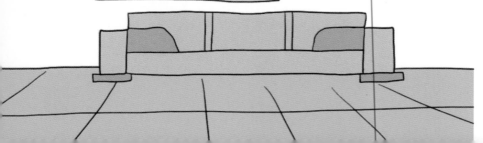

第 3 招： 有些食品的包装袋有拉链，容积也比较大，可用作化妆袋。

第 4 招： 喝完的饮料瓶可以包装好当作花瓶，透明的瓶子可以养鱼，或者放点五颜六色的好看的纸屑，当装饰物。

养鱼

第 5 招： 一些酒瓶的造型十分独特，用来作花瓶比较合适，买一些干麦穗插在里面，就成了一件十分漂亮的装饰品。

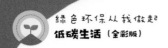

第 6 招： 糖纸也很漂亮，可以用来夹放在书里作为书签。

第 7 招： 小的瓶瓶罐罐，可以当置物盒、首饰盒，放点针线等。

第 8 招： 不用了的折叠伞的伞套可以用来存放卷好的袜子，大小非常合适。如果需要透气，只需剪几个透气孔即可。

第 9 招： 用过的面膜纸也不要扔掉，用它来擦首饰、擦家具的表面或者擦皮带，不仅擦得清亮还能留下面膜的香气。

第三章
家居低碳节能

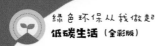

1. 家庭节水方式

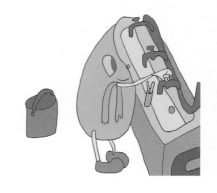

第1招： 水龙头。停电停水后，要拧紧水龙头。

第2招： 洗漱。正确用流水洗手。在特殊情况下，必须用流水洗手时，正确的洗手步骤：先小水把手沾湿—关闭水龙头—涂抹肥皂—双手搓揉—开小水冲洗—关闭水龙头。刷牙用口杯，洗脸、洗脚用盆。勤开勤关水龙头，用则开，不用则关。

第3招： 洗碗。自动洗碗机里装满要洗的器皿才使用。如果不用洗碗机，也不要直接用水冲洗，应该放适量的水在洗涤槽内洗，以减少用水量。

第 4 招： 洗 菜。不要直接在水龙头下洗菜，尽量用盆洗菜。先抖掉菜上的浮土，之后再洗。

第 5 招： 淘米水。淘米水可以用来洗碗、洗菜和浇花。将瓜果蔬菜放在淘米水中浸泡几分钟，可以去除大部分甚至全部农药残留。

第 6 招： 马桶。安装可以控制出水量的马桶配件；没安装节水配件的马桶可以在水箱里放一个装满水的可乐瓶或盐水瓶，减少冲洗水量。

不要扔进去！

不要把大量烟头、剩饭、废纸等倒入马桶，冲掉它们要浪费好几箱水，还有可能堵塞管道。

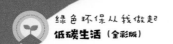
第7招：冲厕。冲洗马桶用水来源广，收集洗衣、洗菜、洗澡水等冲洗马桶。

对一些沿海城市或岛屿，特别是在海边建设的住宅小区，建设一套用海水冲洗厕所的独立供排水系统，能节约大量的淡水资源。

 2. 空 调 节 能 方 式

早上别开空调。

第1招：减少使用时间。如早晨到中午前不开空调；睡觉前，室内温度已经降下来后，不妨关闭空调；室内通风好时，可打开窗户，用自然通风代替空调。

第 2 招：出门前几分钟提前关闭空调。最好是离家前 10 分钟关闭空调，如果出门前 3 分钟关空调，按每台空调每年节电约 5 度的保守估计，相应减排二氧化碳 4.8 千克。如果对全国 1.5 亿台空调都采取这一措施，那么每年可节电约 7.5 亿度，减排二氧化碳 72 万吨。

第 3 招：夏季开空调巧用窗帘。夏季使用窗帘遮挡窗户，可避免日光直射，直接节电约 5%。为了降低空调的耗电量，可巧用窗帘：每天早晨起床后打开窗户，太阳出来后，关上窗户，拉好窗帘，然后向窗帘喷些水，这样可保持室内一天的温度都不会太高。

第 4 招：定期清洗空调。清洗一次空调，可节能 4% ~ 5%。清洗后，可加大 10% 的风量，达到节能效果。除了简单的过滤网冲洗和蒸发器的表面擦拭外，可选择一个干燥的晴天，将空调器功能键选在"送风状态"下运转 3 ~ 4 小时，让空调内部湿气散发干，然后关机，拔掉电源，用柔软的干布擦净空调器外壳污垢，也可用温水擦洗。

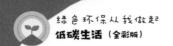

第 5 招： 设定合适的空调温度。空调设定的温度越低，消耗的电就越多。将空调制冷时室温调高 1℃，制热时室温调低 2℃，均可省电 10% 以上。建议夏季使用空调时，温度设定在 26 ~ 28℃，冬季设定在 16 ~ 18℃。科学统计结果表明，热舒适的范围是：冬天温度为 18 ~ 25℃，相对湿度 30% ~ 80%；夏季温度 23 ~ 28℃，相对湿度 30% ~ 60%（风速在 0.1 ~ 0.7m/s）。

3. 冰箱节能方式

第 1 招： 省电的摆放方式。有测试表明，冰箱周围的温度每提高 5℃，其内部就要增加 25% 的耗电量。因此，冰箱应摆放在环境温度低且通风条件良好的地方，要远离热源，避免阳光直射，靠近墙的距离最好控制在 10 厘米以上，同时顶部左右两侧及背部都要留有适当的空间，以利于散热。不要与音响、电视、微波炉等电器放在一起，因为这些电器产生的热量会增加冰箱的耗电量。

第2招：食品包装好后再放入冰箱。不同的食物有不同的装法，对于大块的食物要先分开，把每一小块都用干净的食品袋分开包装再进行冷冻，这样食物可很快制冷，一般来说，紧凑的包装保鲜效果更好。蔬菜、水果等水分较多的食物，应洗净沥干，用塑料袋包好后再放入冰箱。这样可减少水分蒸发，缩短除霜时间，节约电能。

第3招：降低开门时的电能消耗。①开门次数要少、开门时间要短。如果将冰箱每天的开门次数从10次减到5次，一年可节电12～15度；每次开门时间从60秒钟缩短到30秒钟，一年可节电25度以上。②冰箱门开启角度不宜过大。开启的角度越大，耗电量也会相应增加。③巧用保鲜膜。将冰箱保鲜室每层都蒙上保鲜膜，每次取东西掀开保鲜膜，可有效防止外面的热空气与其他食物的接触。

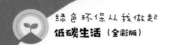
第 4 招： 冰箱内食品的节能摆放。放于冰箱的食品相互之间应留有一定的空隙，堆在一起会消耗更多的电能。食物不要放得太密，以利于冷空气循环，更快地降温，节约电能。食品之间、食品与冰箱之间应留有约 10 毫米以上的空隙，以利于空气流通，达到快速制冷的效果。

 4. 洗衣机节能方式

第 1 招： 选用节能洗衣机。节能洗衣机比普通洗衣机节电 50%、节水 60%，每台节能洗衣机每年可节能约 3.7 千克标准煤，相应减排二氧化碳 9.4 千克。

半自动洗衣机很省水！

第 2 招： 集中洗涤衣物，减少漂洗次数。用一桶水连续洗几批衣物，洗衣粉可适当增添，全部洗完后逐一漂清。这样可省电、省水，节省洗衣粉和洗涤时间。衣物洗了第一遍后，最好将衣物甩干，把衣物上的肥皂水或洗衣粉泡沫脱干后再进行漂洗，以减少漂洗次数。

第 3 招： 提前浸泡衣服会更省水。洗衣服之前，先把脏衣物在流体皂或洗衣粉溶液中浸泡 10 ～ 20 分钟，让洗涤剂与衣服上的污垢起反应，然后再洗涤。这样，不仅能将衣物洗得干净，减少漂洗次数和水，同时缩短了洗衣机运转的时间，相应减少了电耗。

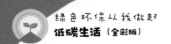

5. 电视机节能方式

第1招： 减少使用时间。每天少开半小时电视，每台电视机每年可节电约20度，相应减排二氧化碳19.2千克。如果全国有1/10的电视机每天减少半小时的开机时间，那么全国每年可节电约7亿度，减排二氧化碳67万吨。一般来说，收看3～4小时应关机0.5小时，让电视机休息，更不要频繁地开关电视机。

第2招： 调好电视机的亮度和音量。将电视机的亮度调成中等亮度，既省电，又可达到舒适的视觉效果。一般彩色电视机最亮与最暗时的功耗能相差30～50瓦，将电视屏幕设置为中等亮度，每台电视机的年节电量约为5.5度，相应减排二氧化碳5.3千克。如果全国约3.5亿台电视机都采取这一措施，那么，全国每年可节电约19亿度，减排二氧化碳184万吨。电视机的音量大小与耗电量大小成

声音太大了！

正比，声音越大，耗电越多，因此应适可而止。

第3招： 及时切断电源。不看电视时要及时切断电源，普通电视机待机1小时耗电约0.01千瓦，每台电视机如果每天待机2小时，按电视机保有量3.5亿台计算，一年的待机耗电量可高达25.55亿千瓦。

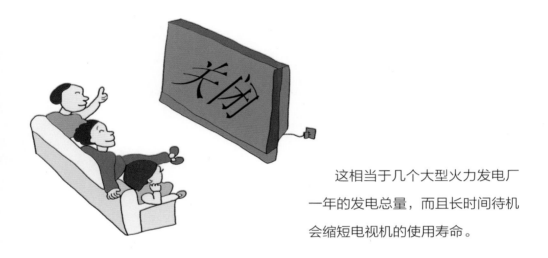

这相当于几个大型火力发电厂一年的发电总量，而且长时间待机会缩短电视机的使用寿命。

第4招： 保持清洁。看完电视之后关闭电源，稍等一段时间，让机器充分散热，之后给电视机加盖防尘罩。此外，还应定期为电视机除尘。

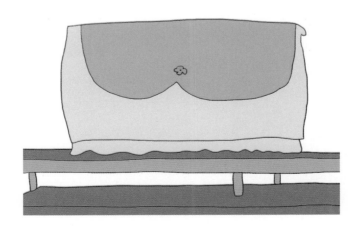

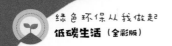

6. 热水器节能方式

第1招：节电方法。如果每天都需要使用热水器，则不要切断电源，不妨让热水器始终通电保温，因为保温一天所用的电，比烧一壶凉水到相同温度的水耗电要低。如果3～5天或更长时间才使用一次热水器，则使用后最好立即断电，这样更节约电能。

隔热材料

第2招：为电热水器包裹隔热材料。如果在家用电热水器上包裹一层隔热材料，这样，每台电热水器每年可节约不少用电；相应也会减少二氧化碳的排放。

第3招：冬夏水温设定方法不同。将淋浴所用热水温度调低到一个较合适的温度，那么，每人每次淋浴也能相应减少二氧化碳的排放，是一种低碳沐浴方式。

夏季气温高，热水使用相对较少，温度一般在 50℃ 左右即可。冬季对热水的需要增大，为保证第二天的使用需要，应利用前一天晚上的用电低峰期，将水温加热至 75℃，并继续通电保温。

第4招：保养热水器。① 及时除垢。容积式电热水器，如果水温超过 60℃ 以上，易引起水解反应而结垢。最好每年清理一次，否则会因使用中加热时间长而费电。② 及时更换橡胶软管。燃气热水器应经常擦拭并检查其橡胶软管，看是否有老化现象，如老化需及时更换。③ 定期清洁进水过滤网。如有污物堵塞过滤网，会出现热水器出水量少的现象。④ 定期清除换热器翅片上的灰尘，防止堵塞燃烧烟气通道而造成危险。

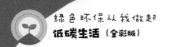

9. 电饭锅节能方式

第1招：提前泡米。
用电饭锅做饭时，先把米浸泡 15 分钟，然后再通电加热，可缩短煮熟时间。

第2招：当米汤沸腾后，将按键抬起断电 6 ~ 8 分钟，利用电热盘的余热将米蒸煮至八成熟，然后按下按键，重新通电，饭熟后开关自动跳开，然后焖 15 分钟，米饭更松软、香糯。

为减少对开关接触点的磨损，也可直接拔下电源插头或加装刀闸开关等。

第3招： 保持电热盘的清洁。电饭锅的主要发热部件是电热盘，通电后电热盘将热量传给内锅。电热盘表面只有保持清洁，才能保持热传导性能处于最佳状态，这样才能提高功效，节省电能。

注意：清洗电热盘时一定要先拔掉电源。

方煲、压力煲更省电。目前，电饭煲市场上，除了传统的电饭煲外，还出现了形状为长方形的方煲和类似于高压锅的压力煲。方煲由于采取了全方位三维立体加热方式，耗电量比普通圆煲小。而压力煲因为借助压力作用，可比普通电饭煲节电30%。

我家压力煲好省电噢！

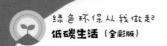
 # 8. 微波炉节能方式

第1招： 加热食物的节电方法。在食物上包上微波炉专用保鲜纸或保鲜膜，或用盖子盖上食物。这样，食物的水分不易蒸发，而且加热时间也会缩短，达到省电的效果。

第2招： 控制加热时间。用微波炉加热食物时，如果一次烹饪不足，需要再次烹饪，就要重复开关次数。微波炉启动时用电量大，实验证实，用 800 瓦微波炉高温一次加热 5 分钟，耗电 0.066 度，如果改成加热 5 次，每次 1 分钟，则耗电 0.08 度，用电量提高了约 1/5。所以，使用微波炉加热食物时要掌握好时间，减少重复开关次数，做到一次启动完成烹调。

时间刚刚好！

电吹风节能方式

第1招： 选择附有安全装置的电吹风机，当机体内部温度过高时，其温度开关会自动断电，待机体内部温度降低后，又可恢复正常使用。家用电吹风机选用小功率的即可。

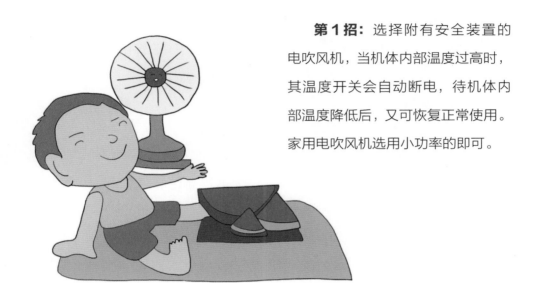

第2招： 夏天洗完头发后，用毛巾将头发擦干即可，不必用电吹风机；冬天洗发后，如着急外出，可先用毛巾擦掉多余的水分，再用电吹风机快速吹干头发。

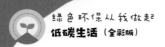

第 3 招: 不要在冷气房内使用电吹风机吹头发，这样会增大电吹风机的耗电量。

第 4 招: 不定期清洁电吹风机的进出风口处的毛发，以免阻碍冷热风的流通，造成机体内部温度过高而导致机件发生故障。

 **减少待机能耗**

　　家用电器关机了就不费电了吗？事实上，电器在关机或者不使用原始功能的时候仍然会消耗不少电能，我们称之为"待机能耗"。我们在日常工作和生活中接触到的几乎所有电器都有待机能耗。中国节能认证中心在调查后发现，我国城市家庭的平均待机能耗相当于这些家庭每天都在使用着一盏 15 ～ 30 瓦的长明灯，占城市家庭用电量的 10%。仅彩色电视机一项，一年下来就浪费电力几百亿千瓦时！相当于十几个大型火电厂白白发电。

部分电器待机能耗

待机能耗产品	平均待机能耗 /（瓦/台）	待机能耗产品	平均待机能耗 /（瓦/台）
空调	3.47	洗衣机	2.46
电脑主机	35.07	抽油烟机	6.06
电脑显示器	7.09	电饭煲	19.82
传真机	5.70	彩色电视机	8.07
打印机	9.08	录像机	10.10
手机充电器	1.34	DVD 播放机	13.17
电冰箱	4.09	VCD 播放机	10.97
微波炉	2.78	音响功效	12.35

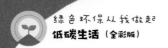

 **11. 选购节水器具**

第1招： 选用节水马桶。如果条件允许，请选用新型的节水马桶，节水效率可达30%。

第2招： 现在的住房卫生间都比较大，有空间安装男用小便器，可达到很好的节水效果。

第3招： 将老式旋转式水龙头换成节水龙头，选择节水龙头关键是看打开及关闭的速度。

低碳小贴士：

1. 选用省水型马桶，省水型马桶按2段式冲水设计配件，节水效果显著。

2. 将水箱的浮球向下调整2厘米，每次冲洗可节省水近3千克；按家庭每天使用4次算，一年可节约水4380千克。

3. 大、小便后冲洗厕所，尽量不开大水管冲洗，而充分利用使用过的"脏水"。

 ## 12. 安装灶具的节能方式

第1招： 灶具的摆放应尽量避开风口，或加挡风圈，以防止火苗偏出锅底，增大用气量。如果让风直接吹向炉具，会带走许多热量。

第2招： 为灶具装上节能罩或高压阀。一般燃气灶的火焰裸露于空气中，热效率大大降低。但装上节能罩后，将使灶具的热效率提高 23.05%，节气量最高可达 53.25%，省时最高可达 39%。

省时效率高!

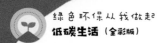
灶具安装节能罩或高压阀后，燃气燃烧更充分，一氧化碳、氮氧化物等有害气体的浓度可降低一半以上，对人体健康起到了保障作用。同时，防风能力提高 6 倍以上。

但需注意，对于玻璃面炉具，应禁止使用节能罩或高压阀。

第 3 招：进风口大小要适中。调节进风口大小，让燃气充分燃烧，正确的调节可使火焰呈清晰的纯蓝色，燃烧稳定。

第 4 招：要合理使用灶具的架子，其高度使火焰的外焰接触锅底，这样可使燃烧效率达到最高。

3. 安装空调的节电方式

> 空调安装到这屋很合适！

第 1 招：空调应尽量安装在背阴的房间或房间的背阴面，避免阳光直射在空调器上。

第2招： 为空调器外机安装雨棚时要注意保持适当的距离。虽然雨棚可以遮风避雨，但如若安置不当，容易挡住空调器的出风口，影响空调散热。

第3招： 不要把空调装在窗台上。由于"冷气往下，热气往上"，如果把空调装在窗台上，抽出的空气温度低，等于空调在做无功损耗，当然就费电了。

第4招： 为了保证空气畅通，利于散热，空调器以安装在距地面1.8米的高度为宜。

第5招： 空调的配管不宜太长，且不要弯曲，这样的制冷效果才好，且不费电。

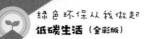

第6招： 空调应单独使用一个插座。由于空调启动时电流很大，定速空调在开机时的瞬间电流会达到平时的数倍，如果与其他家电共用一个插座，会对其造成冲击。变频空调虽然开机时为软启动，电流很小，慢慢地达到稳定工作电流，对其他家用电器影响不大；但由于它的功率较大，会造成单插座超负荷，容易引起跳闸，甚至火灾。

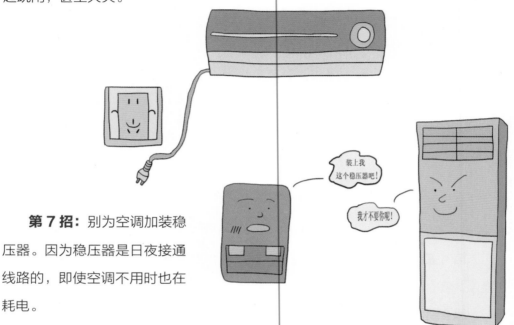

第7招： 别为空调加装稳压器。因为稳压器是日夜接通线路的，即使空调不用时也在耗电。

第8招： 安装空调时要适当布置空调内外机之间的位置，决定它们之间位置关系的一个是"长度"，一个是"高低差"。一般家用的挂壁机的内外机之间配管长度不要大于10米，内外机安装位置的高低差不要大于3米。

第四章
低碳休闲娱乐

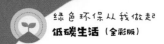

1. 开车购物的低碳方式

第1招： 减少开车去超市购物的次数。每辆车每行驶 1 千米要排放约 0.18 千克二氧化碳。因此，频繁开车去超市购物也会加大二氧化碳排放量。

第2招： 开车外出购物前，预先制订购物计划，尽可能一次购足，并提前安排好行车路线，既能减少行车次数，又能减少不必要的行车里程，从而减少碳排放。

老婆,出门前先计划一下购买什么。

第3招： 上班族可以选择在下班回家途中购物，不仅省时，还减少了专门外出购物可能带来的二氧化碳排放。

第1招：购买本地产品。减少外地产品尤其是从国外空运或海运的产品在运输过程中产生的大量二氧化碳排放。另外，购物时考虑产品使用过程中的二氧化碳排放情况，如在选购电子产品时应尽量选择功率小的产品或者节能产品。

第2招：长远考虑。购买高质量耐用的商品比买便宜的一次性物品更便宜，浪费要少。出门采购前先制订计划，把需要的东西列个清单。买东西前先吃饱饭，这对削减你的购物欲大有帮助。

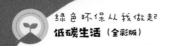

第3招：巧用旧物、善用旧物，自己动手翻新改造，变废为宝。对可有可无的东西、不急着用的东西能不买就不买，能少买就少买，不要放到家里积压浪费。

第4招：多余的物品尽量不要积压浪费。提倡通过规范的二手市场、跳蚤市场进行交换，或充当"换客一族"，把家里的闲置物品或者礼品在网上换成自己需要的东西，将资源配置最大优化。或直接把多余闲置物品捐赠给需要之人。

第5招：提倡租赁，能租就租，不一定非买新的不可。这样一方面可解决一次性投入不足的问题；另一方面也可解决资源空置浪费的现象。

我想租这台车！

第 6 招： 购买服务而不是产品。例如租用办公设备，这样一来生产商就会生产耐用、可升级换代的产品，而不是那些用几年就报废的东西。

第 7 招： 网上购物。如果你真的需要从超市购物，那么请登录超市网站购买，不要开车去买。网上购物方式既节能（尤其当你指定的送货时间与所在区域的其他顾客的送货时间一致的时候），又能为你节省大量的时间和精力。

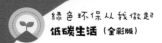

3. 简化产品包装

第1招： 购买包装简单的产品，少买独立包装的产品，多买家庭装或补充装，不使用一次性塑料袋，都能减少商品包装产生的二氧化碳排放。

第2招： 大宗购买不易腐烂的食物。制作一个大包装袋比制作许多小袋子所需的能量要少。更好的方法是，购买散装的东西，然后用你自己的袋子来装。

第3招： 选择那种装在可反复盛放的容器内的商品，这样你可以反复使用这些容器。如果你最喜欢的品牌商家和商店还没有准备这样的包装，请告诉他们。

第 4 招： 把多余的包装还给商场。如果你不喜欢那些过度的包装，那么购买后当时就可以把包装拆掉，并交由商场工作人员去处理。

第 5 招： 充分利用铝箔。铝箔生产非常耗费资源，所以使用铝箔的时候请节省一点，并在可能的情况下重复使用；然后回收，再利用其中包含的有价值的成分。

第 6 招： 避免使用由混合材料制成的包装。比如塑料和铝箔，它们很难被回收。

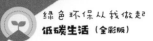

第7招：重复使用塑料容器。比如餐厅打包的饭盒或者从商店购买的食品容器等。

第8招：避免使用小包装产品。小包装产品所需要的包装和处理过程对环境产生很大的影响。一人份咖啡包的包装能耗是散装等量咖啡的10倍。

第9招：自己带饭。用可重复使用的容器带饭，这样不但为你省钱，每天还能避免产生200克的空酸奶瓶、饮料罐或三明治袋等垃圾。

 **4. 低碳休闲娱乐方式**

书法、绘画：是非常有益于身心的高雅休闲活动，可培养艺术素养、陶冶情操、提高文化素养，继承发扬中华民族的文化传统。对孩子来说，还可帮助他们训练手指、手腕和手臂的协调性和灵活性，促进大脑的生长发育，还有益于意志的锻炼，培养细致耐心、自觉认真的良好学习习惯。

钓鱼：是一种充满趣味，充满智慧，充满活力，格调高雅，有益身心的文体活动。怀着对大自然的热爱，对生活的激情，走向河边、湖畔、鱼塘，远离城市的喧闹，享受生机盎然的户外生活情趣，领略赏心悦目的湖光山色，是多么惬意啊。即使没有钓到鱼也是一种修身养性。

放风筝：在和煦的阳光和春风里放风筝，可以仰望蓝天，舒展筋骨，尽情地呼吸新鲜的空气，使人情绪开朗、心情愉悦，健脑健身。还可以调节和改善视力。

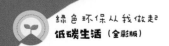

下棋：围棋、象棋、跳棋、扑克等各种棋牌活动，都是最低碳的休闲活动，而且有利于锻炼智力和心理素质、加强人际交往。

麻将：是集益智性、趣味性、博弈性于一体的独特的智力游戏，魅力及内涵丰富，底蕴悠长。它在我国广大的城乡十分普及，流行范围涉及社会各个阶层、各个领域。要将麻将发展成为一项智力健身运动，杜绝将麻将作为赌博工具，走偏方向，玩物丧志。

5. 低碳休闲运动方式

步行减肥第1招： 步行的距离。研究显示，无论运动强度大小，以跑步为例，跑100米，脂肪消耗仅占2%；跑200米，脂肪消耗占5%～10%；跑5000米，脂肪消耗占80%；跑10000米，脂肪消耗达90%。可见，步行距离越长，脂肪的消耗就越多。专家指出，每次步行至少走5～8千米才有减肥作用。

步行减肥第2招： 步行的速度。因为速度也是影响脂肪分解的重要因素。时速10千米的步行所消耗的脂肪，是匀速散步（每小时2～3千米）的5～6倍，所以，只有快速步行才能达到消耗脂肪的目的。步行速度的快慢可视自己的年龄和身体状况而定，要做到力所能及，循序渐进地提高速度。

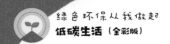

步行减肥第 3 招：步行的时间。据测定，早晨空腹时即使快速步行 1～2 小时，消耗的脂肪也微乎其微；晚餐后步行半小时，脂肪的消耗却明显增加。这主要是由人体生物钟决定的。研究显示，午餐后 2 小时步行 40～60 分钟，脂肪消耗最多，且能降低食欲，因而最利于减肥。

散步、跑步：这是锻炼身体的最简单易行的方法。要选择环境好、空气质量好、安全性好的地点和时段进行锻炼。健身房的电动跑步机固然有一定的优越性，但毕竟还是耗电的，室内空气也不如室外清新。建议把在电动跑步机上 45 分钟的锻炼改为到附近公园慢跑，可减少二氧化碳排放。

快走：美国科研人员发现，每天 10 分钟快步行走不但对身体健康大有裨益，还能使消沉的意志一扫而光，保持精神愉快。

快步走路比慢步走路更能锻炼身体，是因为它能促进血液循环，有利于提高氧气的消耗，增强心脏的起搏力度。

按照速度的不同，在 3 千米每小时以内称散步，在 3.6 千米每小时叫慢行，在 4.5 千米每小时则为快步行走。据此，快步行走 10 分钟应达到 1 千米左右的路程，当然老年人、体弱者可略慢。对那些未经训练的身体肥胖者，可以采取逐步增加速度的方式进行锻炼。对于一般人来说，也可以采取由慢到快的方法。

球类运动： 篮球、排球、乒乓球、足球、台球、羽毛球等都是人们喜闻乐见的运动方式。应因地制宜，大力开展，在健身强体的同时，还可通过群众体育活动促进专业竞技体育的提高和发展。

爬楼梯运动建议 1：锻炼前应先活动腰、膝和踝关节。锻炼时应穿软底鞋，动作要轻缓，不要勉强做难度高的动作（如一步登 3 个以上台阶的动作），要量力而行。楼梯过道要相对宽敞明亮，空气新鲜。不要在堆放物品的楼梯和拐弯处锻炼。

爬楼梯运动建议 2：这是比较剧烈的有氧运动形式，参加锻炼者必须健康状况良好，同时具有一定的锻炼基础，对有严重心肺疾患的人，严禁参加这一运动。

游泳：可加强人体适应温度变化和抵御寒冷的能力，大大增强心肺功能，还可塑体、补钙、护肤等。它不只是一项体育项目，更重要的，它还是我们生活中不可或缺的一项技能，在特殊情况下是对我们生命的保障。

瑜伽："瑜伽"这个词是从印度梵语而来，其含意为"一致""结合"或"和谐"。瑜伽是一个通过提升意识，帮助人们充分发挥潜能的哲学体系，也是一个在该哲学体系指导下的运动体系。

瑜伽是非常古老的、帮助人们协调身体和精神的修炼方法，在印度经过了几千年的传承，经改革创新后又流传到了中国。正确地练习瑜伽可减肥、排毒、减压、修正脊背、滋养内脏、放松身体、纯净心灵、延缓衰老等。

太极拳：太极拳等太极武术是中国优秀传统文化的重要组成部分，其动作舒展大方、缓慢柔和、刚柔相济，是一种柔和的有氧运动，对健身养生有特殊功效。太极拳能促进人体新陈代谢、保持心情的平静、自然，更可帮助增加身体的柔韧性和协调性，有益于提高免疫力，强身健体，延年益寿。

太极剑：太极剑是太极拳运动的一个重要内容，它兼有太极拳和剑术两种风格特点，一方面它要像太极拳一样，表现出轻灵柔和，绵绵不断，重意不重力；另一方面还要表现出与一般剑不同的潇洒飘逸、形神兼备的剑术演练风格，动作既细腻沉稳又优美大方，在健身的同时还有很高的欣赏价值。

太极扇：以"太极鱼"为扇面的太极扇是一种风格独特的武术健身项目。扇的挥舞动作融合了太极拳与其他武术、舞蹈的动作，刚柔并济、可攻可守，充满了飘逸潇洒的美感与武术的阳刚威仪，是同时具有观赏性及艺术性的健身运动。经常练习，可以收到祛病健身、延年益寿、陶冶情操的功效。

第五章
低碳办公

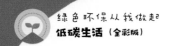

1. 合理使用纸张

办公使用的纸张，从砍伐树木到生产纸浆、纸张使用后的废纸处理，都会产生二氧化碳排放，而且这还不包括砍伐树木而减少的二氧化碳吸收量。合理使用纸张应采用下面这些招式。

第 1 招： 纸张双面打印、复印。纸张双面打印、复印，既可以减少费用，又可以节能减排。如果全国 10% 的打印、复印做到这一点，那么每年可减少耗纸约 5.1 万吨，节能 6.4 万吨标准煤，相应减排二氧化碳 16.4 万吨。

第 2 招： 使用再生纸。用原木为原料生产 1 吨纸，比生产 1 吨再生纸多耗能 40%。使用 1 张再生纸可以节能约 1.8 克标准煤，相应减排二氧化碳 4.7 克。如果将全国 2% 的纸张使用改为再生纸，那么每年可节能约 45.2 万吨标准煤，减排二氧化碳 116.4 万吨。

第 3 招：使用草稿纸件。

第 4 招：用电子邮件代替纸质信函。在互联网日益普及的形势下，用 1 封电子邮件代替 1 封纸质信函，可相应减排二氧化碳 52.6 克。如果全国 1/3 的纸质信函用电子邮件代替，那么每年可减少耗纸约 3.9 万吨，节能 5 万吨标准煤，减排二氧化碳 12.9 万吨。

第 5 招：用电子书刊代替印刷书刊。如果将全国 5% 的出版图书、期刊、报纸用电子书刊代替，每年可减少耗纸约 26 万吨，节能 33.1 万吨标准煤，相应减排二氧化碳 85.2 万吨。

第 6 招：用手帕、毛巾代替纸巾。用手帕代替纸巾，每人每年可减少耗纸约 0.17 千克，节能 0.2 吨标准煤，相应减排二氧化碳 0.57 千克。

如果全国每年有 10% 的纸巾使用改为用手帕代替，那么可减少耗纸约 2.2 万吨，节能 2.8 万吨标准煤，减排二氧化碳 7.4 万吨。

2. 合理使用办公用笔

笔是办公场所中的必备品之一，一支笔虽然小小的并不起眼，但如果忽视了它也会造成极大的浪费。在办公室中，可采用以下方式合理使用办公用笔。

第1招：使用可更换笔芯的书写笔代替一次性的书写笔。

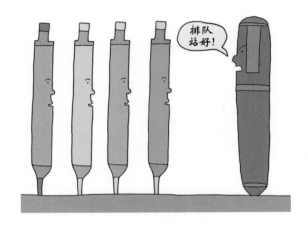

第2招：尽量减少木质铅笔的使用，代以自动铅笔。

第3招：尽量使用墨水笔，一支上好的书写笔的价格可以买 10 多瓶墨水，而墨水往往可以使用更长的时间。

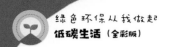

绿色环保从我做起

低碳生活（全彩版）

3. 办公室电脑节能方式

第1招： 显示器选择适合的亮度。显示器亮度过高会增加耗电量，也不利于保护视力。要将电脑显示器亮度调整到一个适合的范围内。

电脑屏幕太亮了，应该调暗一些。

第2招： 当电脑只用来听音乐时，可以将显示器调暗或是关掉。电脑关机后也要随手关掉显示器。

第3招：设置合理的"电源使用方案"。为电脑设置合理的"电源使用方案"：短暂休息期间，可使电脑自动关闭显示器；较长时间不用，使电脑自动启动待机模式。坚持这样做，每天可至少节省1度电，还能延长电脑显示器的寿命。

第4招：使用耳机听音乐时可以减少音箱耗电量。在用电脑听音乐或者看影碟时，最好使用耳机，以减少音箱的耗电量。

第5招：关掉不用的程序。使用电脑时，应养成关掉不用的程序的习惯，特别是桌面搜索、无线设备管理器等服务程序，在不需要的时候把它们都关掉。

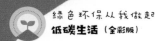

绿色环保从我做起
低碳生活（全彩版）

第6招：屏保画面要简单。屏保越简单越好，以免耗电。最好把屏保设置为"无"，然后在电源使用方案里面设置关闭显示器的时间，直接关显示器比起任何屏幕保护都要省电。

第7招：播放光碟文件尽量先拷贝到硬盘。要看 VCD 或者 DVD，不要使用内置的光驱和软驱，可以先复制到硬盘上面来播放，因为光驱的高速转动将耗费大量的电能。

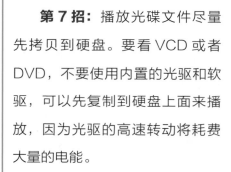

第8招：经常保养电脑。电脑主机积尘过多会影响散热，导致散热风扇满负荷工作，显示器屏幕积尘会影响屏幕亮度。因此，平时要注意防潮、防尘，并定期清除机内灰尘，擦拭屏幕，既可节电，又能延长电脑的使用寿命。

第 9 招：电脑关机拔插头。关机之后，要将插头拔出，否则电脑会有约 4.8 瓦的能耗。

第 10 招：禁用闲置接口和设备。对于暂时不用的接口和设备如串口、并口和红外线接口、无线网卡等，可以在 BIOS 或者设备管理器里面禁用它们，从而降低负荷，减少用电量。

办公室打印机节能方式

第 1 招：减少开机次数。喷墨打印机每启动一次，都要自动清洗打印头和初始化打印机一次，并对墨水输送系统充墨，这样就使大量的墨水被浪费，因而最好不要让它频繁启动。最好在打印作业累积到一定程度后集中打印，这样可以起到节省墨水的效果。

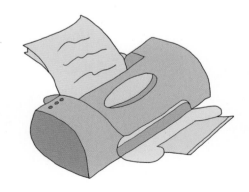

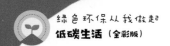

第2招：选择合适的打印模式。喷墨打印机的耗墨量与其打印质量和分辨率成正比，应根据不同的应用要求选择不同的打印分辨率和打印质量。现在的喷墨打印机都增加了"经济打印模式"功能，在打印平时自己看的文件时，完全可以采用这种模式。使用该模式可以节约差不多一半的墨水，并可大幅度提高打印速度。不过，如需高分辨率的文件还是不要选择该模式。

第3招：巧妙使用页面排版进行打印。现在的喷墨打印机都支持页面排版的方式来打印文件，使用该方式来打印，可以将几张信息的内容集中到一页打印出来。在打印时把这个功能和经济模式结合起来就能够节省大量墨水。但是该功能并不仅仅是为了省墨才设置的，比如在打印一本书的封面时，该功能是非常有用的。

第4招: 减少墨头清洗次数。喷墨打印机在使用过程中常出现墨头被堵现象，造成被堵的原因很多，如打印机的工作环境、墨水的质量、打印机闲置的时间等，由于每次清洗墨头都要消耗大量的墨水，所以应尽量减少清洗墨头的次数。如果发生堵头现象，在清洗喷头一次之后，如果没有效果，请不要马上就重复清洗喷头，等一天之后一般的堵头问题就可以解决。如果当时连续清洗多次，未必马上出效果，且费墨严重。

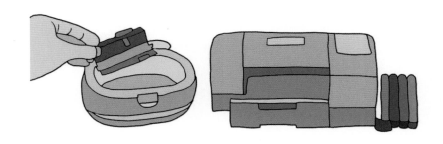

第5招: 避免墨盒长时间暴露。避免将墨盒长时间暴露在空气中而产生干涸堵塞现象，应该在墨盒即将打完墨时马上灌墨，并且灌墨后立即上机打印。

墨盒灌完墨，请立刻上机打印！

要是打印机暂时不使用的话，也可以将喷头放在专用的喷头存储盒中，其中特制的垫可以阻隔空气，保持喷嘴的长久润湿。

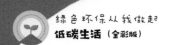
第 6 招：不要立即更换墨盒。这是因为，喷墨打印机是通过感应传感器来检测墨盒中的墨水量的，不论几种墨色，只要检测到一种墨水含量小于内部设定，便提示要更换墨盒。如果能满足你的需求，可不必立即更换墨盒，以免造成不必要的浪费。

第 7 招：设置打印缩放比例。如果对打印内容要求不是太高，可进行表格的压缩打印，即选择在一张纸上打印几页容量的表格。设置时只需打开"页面设置"对话框的"页面"选项卡，选中"缩放比例"单选框，输入需要缩放的比例（如"50%"）就可以了。如果要打印的表格内容超过了一页，且第 2 页中的记录数只有几行，可选择将第 2 页中的内容打印到第 1 页上，这样既美观又节约了纸张。方法是将页面设置调整为"1 页宽 1 页高"就可以了。

第 8 招：减少大面积底色。有的人设计网页或图表时喜欢用黑色或其他深色作底色，这很消耗墨水，因而在打印前，需要将底色去掉或用较淡的墨水，否则，深的底色既浪费了墨水，还可能因为打不好而不能用。

第 9 招：打印机共享，节能效果更好。将打印机联网，办公室内共用一部打印机，可以减少设备闲置，提高效率，节约能源。

第10招：运用草稿模式打印，省墨又节电。在打印非正式文稿时，可将标准打印模式改为草稿打印模式。具体做法是在执行打印前先打开打印机的"属性"对话框，单击"打印首选项"，其下就有一个"模式选择"窗口，在这里我们可以打开"草稿模式"（有些打印机也称之为"省墨模式"或"经济模式"）。这样，打印机就会以省墨模式打印，省墨 30% 以上，同时也可提高打印速度，节约电能。

第11招：打印尽量使用小号字。根据不同需要，所有文件尽量使用小字号，可省纸省电。

小字号文字打印纸……

第12招：不使用打印机时将其断电。留意打印机的电源插头，长时间不用，应关闭打印机及其服务器的电源，同时将插头拔出，减少能耗。不使用打印机时将其断电，每台机器每年可省电10度，相应减排二氧化碳9.6千克。

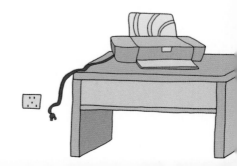

 **5. 办公室复印机节能方式**

这就是通过"中国节能产品认证"的节能复印机!

第1招: 选购通过"中国节能产品认证"的节能复印机。根据单位规模的大小选择合适型号的复印机。复印任务非常少的公司可以选择打印、复印、传真一体机。

第2招: 复印机每次在开机时,要花费很长时间来启动,当不用复印机时,应视时间长短来选择关闭或处于节能状态。一般来说,40分钟左右内没有复印任务时,应将复印机电源关掉,以达到节电的目的;如果40分钟内还有零散的任务时,可让复印机处于节能状态。这样既节能,又能保护复印机的光学元件。

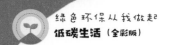
第 3 招：将复印机放在一个干净的环境内，远离灰尘，远离水，并且不要在复印机上放置太重的物品。

 **6. 办公室传真机节能方式**

第 1 招：选购节能型的传真机。

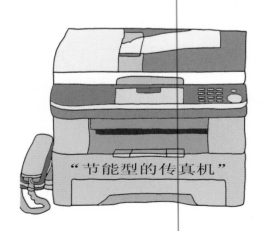

"节能型的传真机"

第 2 招： 可以使用网络传输的文件不用传真机。

第 3 招： 传真机长时间不用时应关闭电源，短时间不用时应使其处于节能状态。

第 4 招： 下班后关闭传真机，并切断电源。

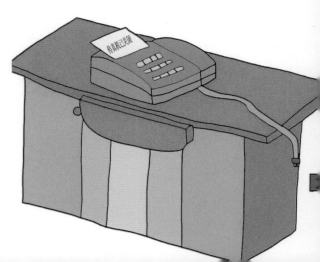

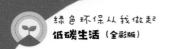

办公室空调节能方式

第1招： 室外机置于易散热处，室内外连接管尽可能不超过推荐长度，可增强制冷 / 制热效果。

第2招： 应具备合适的用电容量和可靠的专线连接，并具有可靠的接地线。尽量少开门窗，使用厚质、透光的窗帘可以减少房内外热量交换，利于省电。

第3招： 开空调之前，提前开窗换气，空调开机后将窗户关闭。

第 4 招： 设定适当的温度，夏天将温度调为 26℃ 以上，冬天在 20℃ 左右。

第 5 招： 定期清扫滤清器，约半个月清扫一次。若积尘太多，应把它放在不超过 45℃ 的温水中清洗干净。清洗后吹干，然后安上，使空调的送风通畅，降低能耗的同时对人的健康也有利。

第 6 招： 不要挡住出风口，否则会降低冷暖气效果，浪费电力。

第 7 招： 调节出风口风叶，选择适宜出风角度，冷空气比空气重，易下沉，暖空气则相反。所以制冷时出风口向上，制热时出风口向下，调温效率大大提高。

第 8 招： 控制好开机和使用中的状态设定，开机时，设置高风，以最快达到控制目的；当温度适宜，改中、低风，减少能耗，降低噪声。

第 9 招： 较长时间离开办公室、下班后将空调关闭，并将电源切断。

第 10 招： 写字楼内的中央空调，夏天要按照国家规定的"写字楼内温度不能低于 26℃"的要求设定好，冬天也不要设置很高的温度。

第 11 招： 提前开窗换气，之后就将窗户关闭或者开个小缝。

第 12 招： 办公室内最后一个人离开时，要将办公室空调关闭。

 手机的碳排放及合理使用

随着通信业的快速发展，手机的普及率不断上升。据统计，截至 2018 年年底，全球手机用户达到 79 亿。生产手机要消耗大量的材料、能源。据估算，每生产一部手机，将会导致 60 千克二氧化碳排放。

使用一年将排放112千克二氧化碳！

平均一部手机每使用一年将排放 112 千克二氧化碳，主要源自手机充电器的电耗。

减少手机不必要功能的使用！

以下方式可以使手机得到合理使用：

（1）调节手机背景灯亮度和显示时间。

（2）视不同场所调节手机铃声音量。

（3）减少手机不必要功能的使用。

（4）养成不用时将手机关机的习惯。

（5）使用翻盖手机的用户应尽量减少翻盖次数。

（6）由于手机在信号较弱时会自动搜索信号，耗费较多电量，因此应尽量避免在恶劣天气时、密闭环境下和快速移动时使用手机。

（7）在办公室和家中，尽量使用固定电话或采用其他联系方式（如电子邮件）。

外出自带充电器好方便！

手机充电完毕后，应立即切断充电器电源，避免浪费电能；充电时尽量采用慢充方式；外出自带充电器，避免使用公共场所提供的快速充电器，不仅节约电能，还可以对手机电池起到保护作用。

新锂电池前 3 ~ 5 次充电达 14 小时以上可延长其使用寿命。减少充电次数，可延长电池的使用寿命。

手机电磁危害已形成共识。手机信号刚接通时，辐射最大，最好让手机远离头部；喜欢"煲电话粥"的人，打电话不要一直用一边接听，打 5 分钟就换另一边；如果能用固定电话，就尽量少用手机，以减少微波对人体的辐射。

别在嘈杂的环境打电话，因为手机紧贴耳朵才能听清对方说话，会给耳朵造成很大负担。别躲到建筑物的角落接听电话。建筑物角落的信号覆盖比较差，因此，会在一定程度上使手机的辐射功率增大。基于同样的道理，身处电梯等小而封闭的环境时，也应慎打手机。

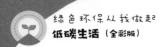

其他低碳办公方式

第1招：办理审批事项时，减少审批程序，实行集中办理、联合审批、网上审批等。

第2招：减少会议频率，缩短会议时间，推行电话会议、视频会议。召开视频会议可以快速提升信息流通速度，提高工作效率和管理水平。减少出行，节省差旅费，大大减少碳排放量。

第3招：严格办公室节能制度，办公室实行电量监管。

现在开始电量监管！

第4招：加强办公耗材管理，减少回形针、修改带、修改液等含苯类物品的使用。

第5招：提倡使用钢笔书写，尽量不使用一次性签字笔。

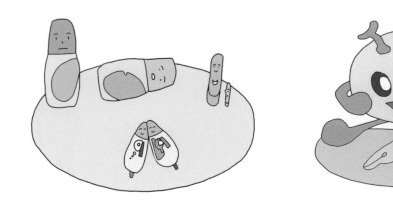

第6招：实行办公设备定期维护和保养制度，减少设备损耗，延长使用寿命。

第7招：在办公室中推行使用节能灯。

第8招：淘汰的办公设备交有关机构统一处理，调理后将能继续使用的捐给贫困地区。

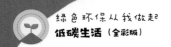
第 9 招：为主办的大会购买碳指标，抵扣碳排放，实现碳中和。

第 10 招：加强公车管理，提高公车使用效率，限制公车私用。

第 11 招：为卫生间配备节水龙头。杜绝"跑、冒、滴、漏"和"长流水"现象。

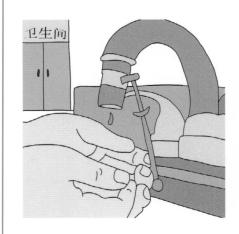

第 12 招： 严格控制公务接待标准；陪客要限制人数，不得一客多陪；提倡来客招待限额包干制，严禁铺张浪费。

第 13 招： 使用节能空调设备，夏天空调设置应不低于 26℃，冬季设置应不高于 20℃，下班前 30 分钟关闭空调。

第 14 招： 推行无烟办公室。在设立的吸烟区内，张贴戒烟宣传品。

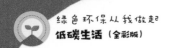
第15招：办公室中注意绿色植物的摆放，既美化环境，又吸收空气中的有害气体，保护环境。

第16招：绿地用水和景观环境用水鼓励使用雨水和符合用水水质要求的中水。

第17招：重复使用公文袋，并减少办公室内一次性物品（如一次性纸杯）的使用。

第18招：响应国家开展的全国公共机构节能宣传周"绿色办公、低碳生活"的主题。在"绿色出行日"，乘坐公共交通工具、骑自行车或步行上下班；在"能源紧缺体验日"，停开办公区域空调一天（除特殊场所外），停开公共场所（如门厅、走廊、卫生间）照明一天。6 层以下办公楼及其他公共建筑原则上停开电梯，高层建筑电梯分段运行或隔层停开。